YOU
ARE
HERE

YOU
ARE
HERE

EL GATO CIENTÍFICO

PAPEL CERTIFICADO POR EL FOREST STEWARDSHIP COUNCIL®

MIXTO
Papel | Apoyando la silvicultura responsable
FSC® C117695
FSC www.fsc.org

Penguin Random House Grupo Editorial

TÍTULO ORIGINAL: *PHYSICS FOR CATS*
PRIMERA EDICIÓN: OCTUBRE DE 2025
PRIMERA REIMPRESIÓN: DICIEMBRE DE 2025

PRINTED IN SPAIN - IMPRESO EN ESPAÑA

ISBN: 978-84-19981-09-7
DEPÓSITO LEGAL: B-12221-2025

COMPUESTO POR SERGI PUYOL
IMPRESO EN ÍNDICE, S.L.
(BARCELONA)

SG81097

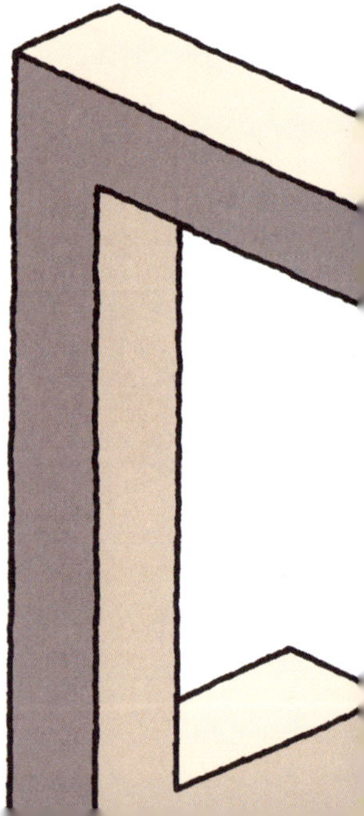

FÍSICA PARA GATOS

TIRAS CÓMICAS DE TOM GAULD

TRADUCCIÓN DEL INGLÉS DE
CARLOS MAYOR

salamandra
graphic

HE CREADO ESTE APARATO PARA PROBAR LA TEORÍA DE QUE NUESTRA REALIDAD ES UNA SIMULACIÓN...
...PERO LOS RESULTADOS QUE ME SALEN APUNTAN A ALGO MUCHO PEOR.
¿EL QUÉ?
¡VIVIMOS EN UNA TIRA CÓMICA!
¿TENDRÁ AL MENOS UN FINAL GRACIOSO?
QUÉ VA.

SØREN KIERKEGAARD, 1843

COMO VE, NUESTRO PROYECTO ESTÁ AÚN EN UNA FASE MUY CONCEPTUAL.

HAN TRAMITADO MI PROYECTO POR LA VÍA RÁPIDA: DIRECTO A LA FASE DE RECHAZO.

¿NUNCA TE ENTRA MIEDO DE QUE VIVAMOS EN EL REFLEJO Y NO EN LA REALIDAD?
A VECES.

LA REUNIÓN DE LAS 11.30 H
LEYENDA
EXPLICACIÓN
ENTENDIMIENTO
PLANES PARA ALMORZAR

UNA TARDE CON LOS HADRONES
New Scientist
@newscientist
El Gran Colisionador de Hadrones se reactivará tras un parón de tres años.
BBBRRR
TÍOS, ¿HABÉIS VISTO ESTO?
AAAAAAAAA
AAAAAAA
AAA
AAAAAA

EN DICIEMBRE, EL EQUIPO DE BIÓLOGOS MARINOS SIEMPRE ECHA A SUERTES QUIÉN SE QUEDA A TENTACULITOS DURANTE LAS VACACIONES NAVIDEÑAS.

ESTO ES POR PASARTE TODO EL DÍA MIRANDO AL ESPACIO.
4
REUNIÓN CON EL PROFESOR
CONGRESO DE ASTRONOMÍA

TENÍAMOS UN MONTÓN DE HUESOS DE SOBRA Y ERA TONTERÍA NO APROVECHARLOS.
AUSTRALOPITHECUS AFRICANUS
HOMO NEANDERTHALENSIS
HOMO SAPIENS

ME QUEDÉ MIRANDO EL ABISMO.
EL ABISMO ME AGUANTÓ LA MIRADA.
UNA COSA LLEVÓ A LA OTRA, Y AHORA QUEDO A MENUDO CON ÉL PARA CHARLAR EN LA CAFETERÍA DE AL LADO DEL LABORATORIO.

LAS DIAPOSITIVAS DE MI CONFERENCIA EN EL CONGRESO DE GEOLOGÍA
SUPERFICIE
ARENISCA
LUTITA
ROCA ÍGNEA
CALIZA
GRANITO

LAS DIAPOSITIVAS DE MI CONFERENCIA EN EL CONGRESO DE PASTELERÍA
VIRUTAS
CREMA
CHOCOLATE
BIZCOCHO
MERMELADA
BASE DE GALLETA

PROBLEMAS MATEMÁTICOS PARA CONSPIRANOICOS

¿ENTRAR? PERO ¡SI ACABAS DE SALIR!

Y ESTE ES EL RETRATO DE LA FUNDADORA DE NUESTRO PROYECTO DE DRONES OCULARES. FÍJESE EN CÓMO NOS SIGUEN SUS OJOS POR TODA LA SALA.

¿NUNCA TIENES LA IMPRESIÓN DE QUE OTRO SER VIVO TE OBSERVA?
¿NUNCA TIENES LA IMPRESIÓN DE QUE OTRO SER VIVO TE OBSERVA?
¿NUNCA TIENES LA IMPRESIÓN DE QUE OTRO SER VIVO TE OBSERVA?

SEÑALIZACIÓN

SIEMPRE PREGUNTAN "¿DÓNDE ESTÁ LA MATERIA OSCURA?" Y "¿QUÉ ES LA MATERIA OSCURA?", PERO NUNCA "¿CÓMO ESTÁ LA MATERIA OSCURA?".

¡DIANTRE! HASTA LOS FRACASOS DEL PROFESOR WILSON SON MÁS IMPONENTES QUE LOS MÍOS.

EL CIENTÍFICO CUENTA UN GRAN CHISTE DE CIENCIA EN EL CONGRESO

EL CIENTÍFICO REPITE ESE GRAN CHISTE DE CIENCIA EN CASA

LABORATORIO 13
SONIDO:
SIRENA ANTIRRADIACIÓN

LABORATORIO 13
SONIDO:
TIMBRE DE LA CANTINA

ELIGE UNA PASTILLA
LA PASTILLA ROJA TE ABRIRÁ LA MENTE A NUEVAS DIMENSIONES Y TE REVELARÁ TODAS LAS CRUDAS VERDADES DE LA REALIDAD.
LA PASTILLA AZUL TE DEVOLVERÁ A LA IGNORANCIA DICHOSA.
LA PASTILLA AMARILLA ES COMO LA AZUL, PERO VERÁS FANTASMAS Y HABLARÁS CON LOS ANIMALES.
LA PASTILLA VERDE TIENE EL MISMO EFECTO QUE LA ROJA, PERO CON SABOR A LIMA LIMÓN.
NO RECUERDO QUE HUBIERA NINGUNA PASTILLA MARRÓN, ASÍ QUE ESTO ES PROBABLE QUE SEA UNA PASA BAÑADA EN CHOCOLATE.

TEMAS DE BLUES PARA CIENTÍFICOS

RECORTES PRESUPUESTARIOS PARA MI ESTUDIO SOBRE LA ALIMENTACIÓN DE LOS PRIMATES

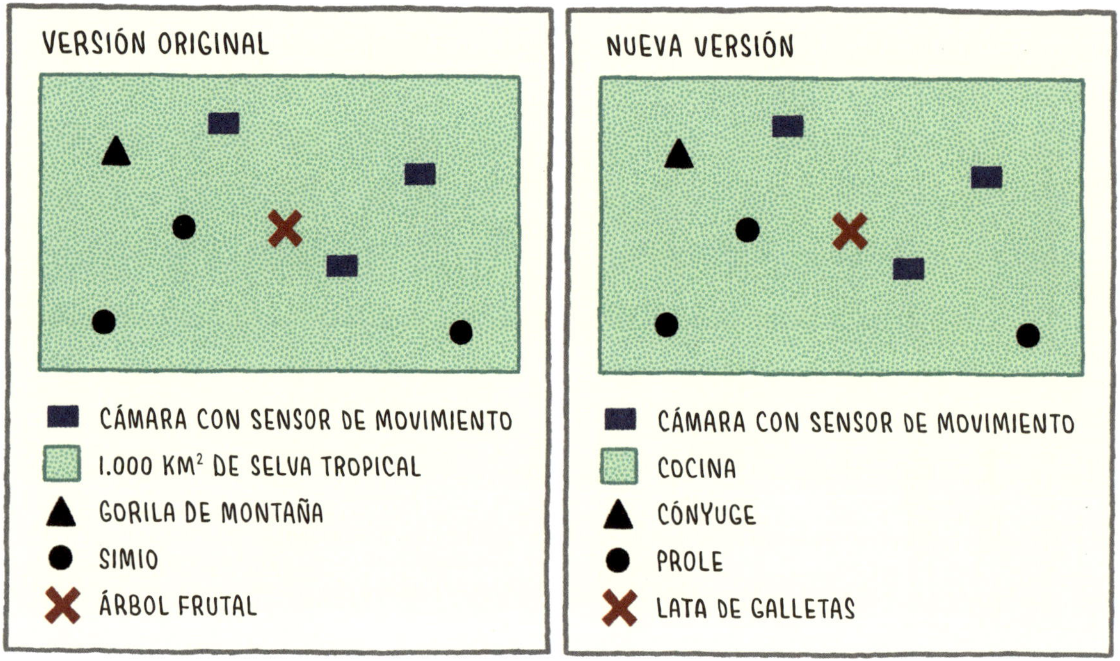

¡IMPRESIONANTE...! PERO CREÍA QUE TODO EL TRABAJO QUE HACÍAS AQUÍ ERA PURAMENTE TEÓRICO.
SÍ, ASÍ ES. ESTO ES LA NUEVA CAFETERA.

AUDIOS PARA QUE LOS CIENTÍFICOS CONCILIEN EL SUEÑO

MI INTERACCIÓN CON LOS EXTRATERRESTRES

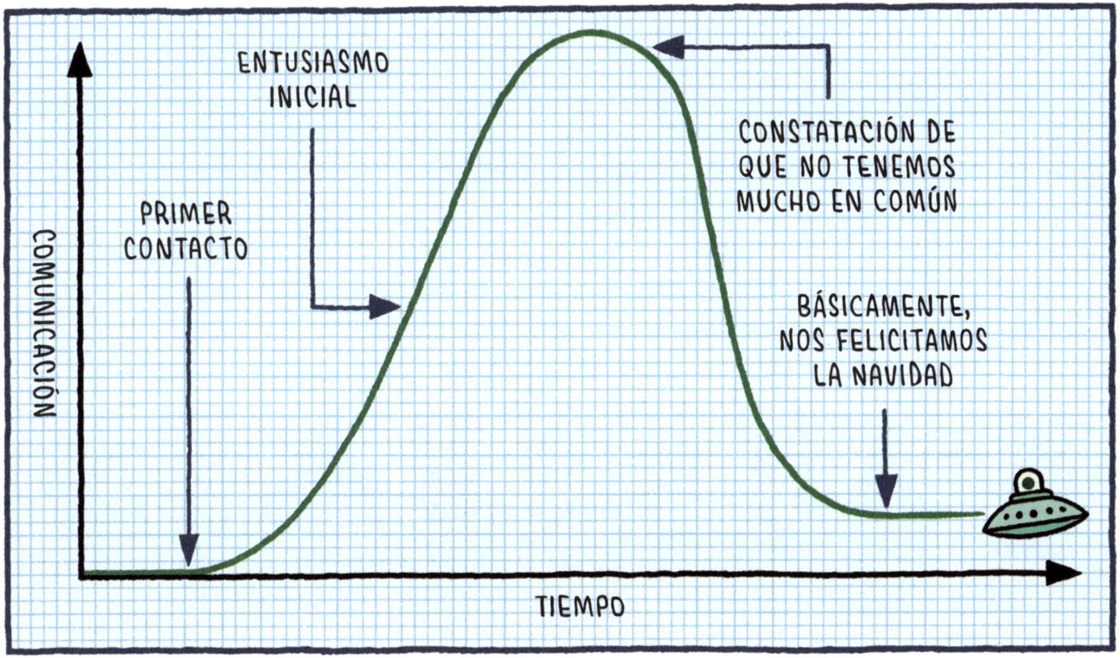

LA PRIMERA VERSIÓN DE NUESTRA INTELIGENCIA ARTIFICIAL TENÍA LA CAPACIDAD MENTAL DE UN RECIÉN NACIDO, PERO ESTABA PENSADA PARA APRENDER Y CRECER CON EL TIEMPO.
CREEMOS QUE AHORA FUNCIONA AL NIVEL DE UN ADOLESCENTE, PERO NO PODEMOS COMPROBARLO, YA QUE NO SALE DE SU CUARTO.
¡OS ODIO!

EL DISPOSITIVO NO HA LOGRADO ABRIR UN PORTAL A OTRA DIMENSIÓN, PERO ESTE ATAJO HASTA LA CAFETERÍA VIENE DE FÁBULA, LA VERDAD.

¡EL ESCUADRÓN CIENCIA!
LA CAPITANA EXPERIMENTO
EL OBSERVADOR
MÍSTER CONTROL
¡DOS ASTEROIDES COLOSALES VAN A PRECIPITARSE SOBRE TOKIO Y LONDRES!
¡CAPITANA EXPERIMENTO, VETE A JAPÓN Y UTILIZA TUS PODERES CIENTÍFICOS PARA SALVAR LA CIUDAD!
¡MÍSTER CONTROL, QUÉDATE AQUÍ Y NO HAGAS NADA!
¡Y YO COMPARO LOS RESUL-TADOS!

¡EL PROGRAMA DE REFORESTACIÓN HA SUPERADO TODAS NUESTRAS PREVISIONES!
PRESTA MUCHA ATENCIÓN PARA DIVISAR LAS ESPECIES QUE HAN REGRESADO A LA ZONA: EL VENADO, EL JABALÍ, LA MARTA...
O INCLUSO NUESTRA REINTRODUCCIÓN MÁS EXITOSA: EL GRAN YOG-DRATH'LL, ETERNO ENTE MALIGNO INSOMNE Y ACECHANTE DEL BOSQUE PRIMIGENIO.

Mi obra cuestiona radicalmente y, al mismo tiempo, reafirma categóricamente las jerarquías no espaciales inherentes al observador, al recontextualizar con amplitud las narrativas liminales.
EL ARTBOT VERSIÓN 2.0 SIGUE SIN PINTAR BIEN, PERO SU CAPACIDAD DE SOLTAR EXPLICACIONES DESCONCERTANTES HA MEJORADO DE FORMA EXPONENCIAL.

LA LUNA, 1819
¿QUÉ PASA, COLEGAS?
LA LUNA, 1869
LA LUNA, 1919
POCA COSA.
LA LUNA, 1969
LA LUNA, 2019
¿DÓNDE SE HA METIDO?
LA TIERRA, 2019
LS-10049.0

LOS VIERNES, TODO EL EQUIPO DE INVESTIGACIÓN TRABAJA EN CASA.

AQUÍ NO PASA NADA.
VÁMONOS DE PASEO.
NO PODEMOS REPETIR ESTE EXPERIMENTO ETERNAMENTE.
LA PACIENCIA ES LA MADRE DE LA CIENCIA.
VAMOS A INTENTARLO DE NUEVO, TENGO UNA CORAZONADA.
ESO DIJISTE LA ÚLTIMA VEZ.
¿Y CUÁNTO DURA EL EMBARAZO?

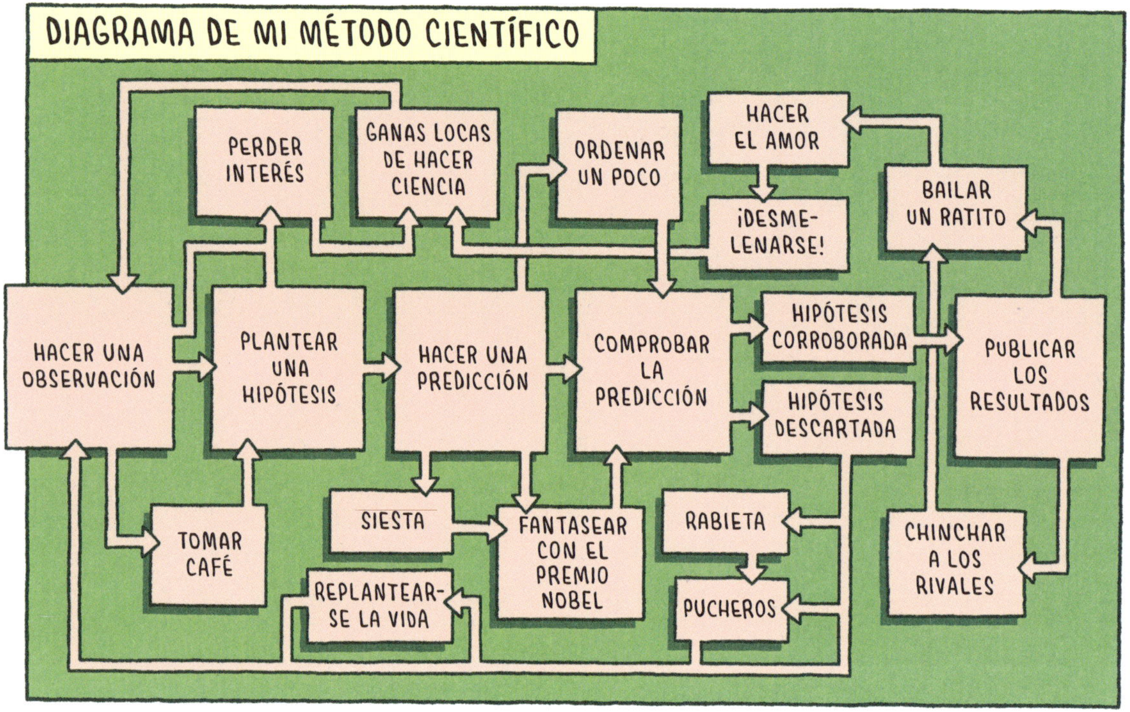
DIAGRAMA DE MI MÉTODO CIENTÍFICO
PERDER INTERÉS
GANAS LOCAS DE HACER CIENCIA
ORDENAR UN POCO
HACER EL AMOR
¡DESMELENARSE!
BAILAR UN RATITO
HACER UNA OBSERVACIÓN
PLANTEAR UNA HIPÓTESIS
HACER UNA PREDICCIÓN
COMPROBAR LA PREDICCIÓN
HIPÓTESIS CORROBORADA
HIPÓTESIS DESCARTADA
PUBLICAR LOS RESULTADOS
TOMAR CAFÉ
SIESTA
FANTASEAR CON EL PREMIO NOBEL
REPLANTEARSE LA VIDA
RABIETA
PUCHEROS
CHINCHAR A LOS RIVALES

A VER, O NUESTRO SUERO DE CRECIMIENTO HA SIDO UN ÉXITO ROTUNDO O EL TANQUE DEL ALUCINÓGENO VUELVE A TENER UNA FUGA.

HE CONSUMADO LA REVISIÓN DEL MATERIAL PUBLICADO Y COTEJADO LOS DATOS CON LOS RESULTADOS OBTENIDOS POR OTROS COLEGAS Y LAS CONCLUSIONES DE MIS PROPIAS INVESTIGACIONES.
DE DICHO ANÁLISIS HA SURGIDO UNA TESIS Y CONSIDERO QUE MIS HALLAZGOS SON LO BASTANTE SÓLIDOS PARA OFRECERLE UNA RESPUESTA CONCLUYENTE.
¿CUÁL ES?
PÓNGAME UN MARGARITA, POR FAVOR.

EN VERANO, LOS FÍSICOS YA NO TIENEN QUE ELEGIR ENTRE IRSE DE VACACIONES O ACELERAR PARTÍCULAS SUBATÓMICAS, GRACIAS A LA CREACIÓN DEL PCH (PEQUEÑÍSIMO COLISIONADOR DE HADRONES).

NO PODEMOS INVESTIGAR NADA DE NADA PORQUE NOS HEMOS PULIDO TODO EL PRESUPUESTO EN PASILLOS DE CIENCIA FICCIÓN Y PUERTAS ELECTRÓNICAS OCTOGONALES, PERO TODO EL MUNDO COINCIDE EN QUE ES EL LABORATORIO MÁS GUAPO DEL CAMPUS.

HE ENCARGADO UNOS CARTELES PARA EL LABORATORIO

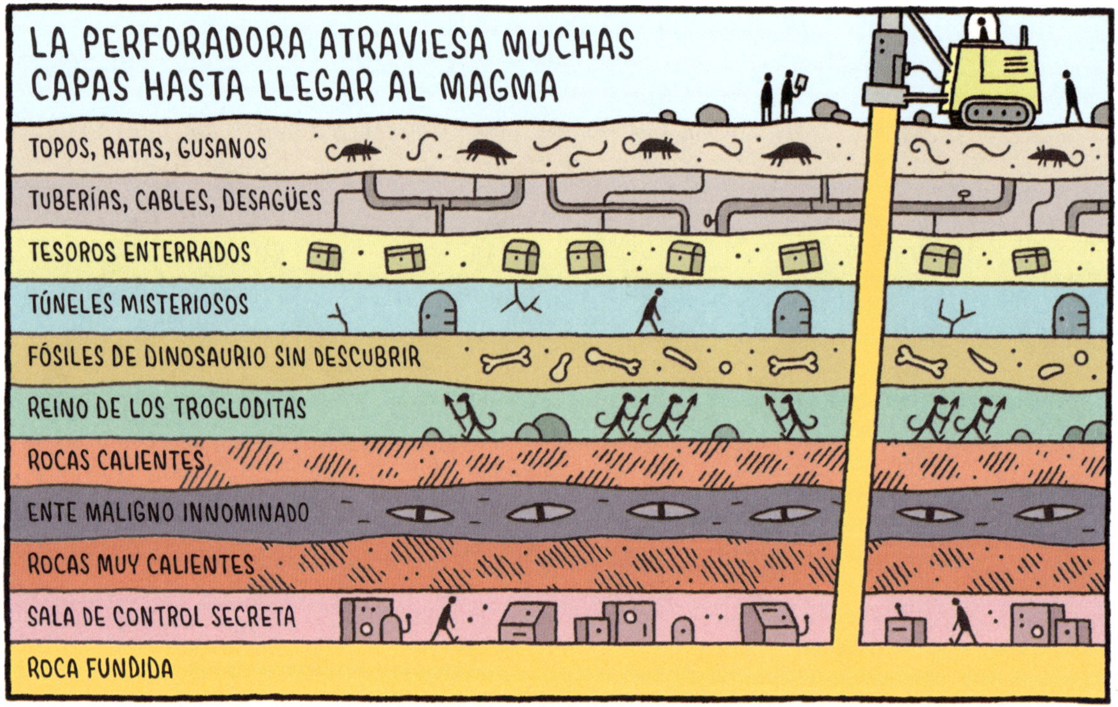
LA PERFORADORA ATRAVIESA MUCHAS CAPAS HASTA LLEGAR AL MAGMA
TOPOS, RATAS, GUSANOS
TUBERÍAS, CABLES, DESAGÜES
TESOROS ENTERRADOS
TÚNELES MISTERIOSOS
FÓSILES DE DINOSAURIO SIN DESCUBRIR
REINO DE LOS TROGLODITAS
ROCAS CALIENTES
ENTE MALIGNO INNOMINADO
ROCAS MUY CALIENTES
SALA DE CONTROL SECRETA
ROCA FUNDIDA

ME PASÉ UNA ETERNIDAD TRATANDO DE REDUCIR EL INVENTO PARA QUE CUPIERA EN EL BOLSILLO DE UN PANTALÓN, HASTA QUE ME DI CUENTA DE QUE LA SOLUCIÓN ESTABA EN HACER LAS COSAS AL REVÉS.

LOS INVESTIGADORES DEL INSTITUTO DE ESTUDIOS NAVIDEÑOS DEL POLO NORTE

¡MI TEORÍA ERA CORRECTA Y HE DESCUBIERTO ALGO INTERESANTE!
¡MI TEORÍA ERA INCORRECTA, PERO HE DESCUBIERTO ALGO INTERESANTE!
MI TEORÍA ERA CORRECTA, PERO HE DESCUBIERTO ALGO IRRELEVANTE.
MI TEORÍA ERA INCORRECTA Y NO HE DESCU-BIERTO NADA.

¿POR QUÉ TE HAN CONDENADO?
SOY MATEMÁTICO. HE HECHO DESCUBRIMIENTOS REVOLUCIONARIOS CON NÚMEROS IMAGINARIOS.
¿Y TE HAN METIDO PRESO POR ESO?
ES QUE LOS APLIQUÉ A LA DECLARACIÓN DE LA RENTA.

YA SÉ QUE MAÑANA EMPIEZAN LAS VACACIONES, MIKE, PERO ESTO ES UNA INSTALACIÓN DE BIOSEGURIDAD DE NIVEL CUATRO Y NI HOY NI NUNCA PUEDES VENIR VESTIDO ASÍ.

OBJETO VOLADOR
NO IDENTIFICADO
OBJETO VOLADOR
NO INTRUSIVO
OBJETO VOLADOR
NO IDEAL
OBJETO VOLADOR
NO INVITADO
OBJETO VOLADOR
NO INFRECUENTE
OBJETO VOLADOR
NO INGRÁVIDO

¿QUÉ TAL VA LA NUEVA MÁQUINA?
NOS HEMOS TOPADO CON VARIOS RETOS APASIONANTES Y CON UNOS RESULTADOS DE RENDIMIENTO SORPRENDENTES QUE HAN REQUERIDO SOLUCIONES CREATIVAS Y HAN ABIERTO NUEVOS CAMPOS DE INVESTIGACIÓN. LAS POSIBILIDADES DE MEJORA SON MUY ESTIMULANTES Y NOS ENTUSIASMA LA IDEA DE DESARROLLAR NUEVAS VERSIONES A PARTIR DE AHORA.
¿ME LO REPITES, PERO EN LENGUAJE LLANO?
VAMOS, QUE NO CHUTA.

AMANDA, ME PONES EN UNA SITUACIÓN MUY DELICADA.
POR UN LADO, NO HAS ABORDADO NINGUNO DE LOS PROBLEMAS QUE SEÑALABA MI INFORME Y, EN LUGAR DE ESO, HAS DIBUJADO OJITOS Y SONRISITAS EN LOS APARATOS.
POR EL OTRO, ¡TE HA QUEDADO UNA AUTÉNTICA MONERÍA!

LLEVO DIEZ AÑOS TRABAJANDO AQUÍ Y AÚN NO TENGO CLARO EN QUÉ PLANTA ESTÁ MI LABORATORIO.

PERO ¿ADÓNDE VAS, GARY?
UNOS CIENTÍFICOS ME HAN PUESTO ESTE CACHARRO RASTREADOR, ASÍ QUE ME LARGO A BÉLGICA SOLO PARA DESPISTARLOS.
¡TÍPICO DE GARY!

CAMPOS DE LAS MATEMÁTICAS QUE PRETENDO ESTUDIAR O, SI NO, UTILIZAR DE TÍTULO PARA UN DISCO DE MÚSICA ELECTRÓNICA RARUNA
ANÁLISIS DE LA FUNCIÓN LINEAL
HIPER-COMPUTACIÓN
GEOMETRÍA FRACTAL
DENSIDAD ESPECTRAL
TÉCNICA DE CONTROL ÓPTIMO
HIPÓTESIS DEL CONTINUO

LA MALA NOTICIA ES QUE LA POSTURA DE LA EMPRESA DE "EL CAMBIO CLIMÁTICO NO EXISTE" RESULTA CADA VEZ MÁS INSOSTENIBLE.
LA BUENA NOTICIA ES QUE, SI LA MANTENEMOS SOLO UN PELÍN MÁS, PODREMOS PASAR SIN DESPEINARNOS A "¡ANDA! SÍ EXISTE, PERO ES DEMASIADO TARDE PARA HACER NADA".

ME DA QUE ESOS ORNITÓLOGOS SABEN MUCHÍSIMO SOBRE LO QUE PASA EN NUESTRO NIDO, BRIAN. ¿NO HABRÁ ALGO QUE QUIERAS CONTARME?

TIM, ¿PUEDES HACER UN PEDIDO DE LOMBRICES? ¡ES INCREÍBLE QUE NOS HAYAMOS QUEDADO SIN OTRA VEZ!

Teoría 1
DE UNA SENCILLEZ PRECIOSA, PERO COMPLETAMENTE INÚTIL
Ah.
Teoría 2
ÚTIL, PERO DE UNA COMPLEJIDAD INESCRUTABLE
Hum.
¡VOY A COMBINAR ASPECTOS DE ESTAS DOS EN UNA TERCERA TEORÍA!
TRAS MUCHOS AÑOS DE ESFUERZO...
Teoría 3
INESCRUTABLE E INÚTIL AL MISMO TIEMPO
Glups.

SI APRUEBAN LA FINANCIACIÓN DE MI PROYECTO, ME ENTREGARÉ A ÉL EN CUERPO Y ALMA PARA QUE TRIUNFE.
O SEA, LITERALMENTE. TRASPLANTARÉ MIS ÓRGANOS AL SECTOR A Y LUEGO CARGARÉ MI ALMA EN LA UNIDAD B.
(A)
(B)

EL CABALLERO CIENCIA
¡HAS VENIDO EN MI AYUDA!
¡NO, HA VENIDO A MATARME!
A VER, NI LO UNO NI LO OTRO. ESTOY HACIENDO UN ESTUDIO A GRAN ESCALA DE LA RELACIÓN SIMBIÓTICA ENTRE DRAGONES Y PRINCESAS: ¡HE VENIDO A APRENDER!
ENTONCES, ¿POR QUÉ LLEVAS ESA LANZA?
PUES PARA PASAROS ESTOS CUESTIONARIOS.
SOLO TARDARÉIS DIEZ MINUTITOS DE NADA EN RELLENARLOS.
¡QUÉ REACCIÓN TAN FASCINANTE!

LA CATEDRÁTICA PARECE ENCANTADA DE LA VIDA. ¿HA DESCUBIERTO ALGO?
SÍ. ¡UN ERROR EN LA PONENCIA DE UN RIVAL!
$i\hbar\frac{d}{dt}|\Psi(t)\rangle=\hat{H}|\Psi(t)\rangle$

{ZZZ/-Z (ℤ^z) Z/(Z+Z)} √Z
INCLUSO LAS SIESTAS DE LA CATEDRÁTICA ERAN UNA VIRGUERÍA MATEMÁTICA.

MUCHOS LO HAN INTENTADO. TODOS HAN FRACASADO.

LA PARADOJA DEL ABUELO
PERDÓN.
SI RETROCEDES EN EL TIEMPO Y MATAS A TU ABUELO ANTES DE QUE TENGA HIJOS, HARÁS QUE TU NACIMIENTO RESULTE IMPOSIBLE.
LA REACCIÓN DE LA MADRE
¡ES UNA COSA TEÓRICA!
A TU MADRE LE INTERESA TU INVESTIGACIÓN DE LA PARADOJA DEL ABUELO HASTA QUE MENCIONAS LO DE MATAR A SU PADRE.
EL PARADIGMA DEL CUÑADO
¡QUE ES BROMA!
TU CUÑADO JOE NUNCA HA MOSTRADO INTERÉS POR TU TRABAJO, PERO AHORA TE LLAMA "EL ASESINO DEL ABUELETE" EN TODAS LAS CENAS FAMILIARES.
LA ANOMALÍA DEL RECHAZO
EL TRABAJO SOBRE LA PARADOJA DEL ABUELO GENERA MUCHOS ELOGIOS, PERO EL ARTÍCULO SOBRE MANDAR A JOE A UN AGUJERO NEGRO SE RECIBE CON UN SILENCIO CRUEL.

CON UN HÁBIL DISFRAZ, EL CATEDRÁTICO LOGRA VIVIR DE INCÓGNITO ENTRE LOS ÁRBOLES Y OBTENER DATOS CON LOS QUE BOTÁNICOS MENOS ENTREGADOS NI SIQUIERA SUEÑAN.

¿CÓMO DESCRIBIRÍA USTED SU INVESTIGACIÓN CIENTÍFICA?
TEÓRICA.
PRÁCTICA.
ALQUÍMICA.
MÉDICA.
PSICODÉLICA.
METÓDICA.
SEMIÉTICA.

LA INVESTIGADORA DESCUBRIÓ CON HORROR QUE TODOS LOS MENSAJES QUE AVANZADAS CIVILIZACIONES EXTRATERRESTRES DE SISTEMAS SOLARES DESCONOCIDOS ENVIABAN POR TODO EL UNIVERSO HABÍAN IDO A PARAR A SU CARPETA DE SPAM.

Fig. 1. EXPERIMENTO RAPUNZEL: VARIABLES DE ALTITUD DE LA TORRE Y LONGITUD DE LA MELENA

GODOT
1
0
-1
ESPERA
UNA VEZ MÁS, LOS PROFESORES VLADIMIR Y ESTRAGÓN SE QUEDAN TRABAJANDO HASTA LAS TANTAS EN SU ESPERADÍSIMA INVESTIGACIÓN.

2019
LA RATA APRENDE A CONDUCIR UN COCHECITO.
2021
LA RATA SE MUDA A LAS AFUERAS Y VA EN COCHE AL LABORATORIO.
2023
RATRACCIÓN, S.A. ES TODO UN ÉXITO. LA RATA CONTRATA A UN CHÓFER.
2025
LA RATA VENDE SUS ACCIONES DE RATRACCIÓN, S.A. POR MILES DE MILLONES.
2027
A PESAR DE TODA SU RIQUEZA, LA RATA SE SIENTE TRISTE Y SOLA.
2029
LA RATA REGRESA A UNA VIDA DE SENCILLEZ EN LAS CLOACAS.

¿QUÉ TAL SE PRESENTA TU PRIMER DÍA EN EL CAMPUS?
BIEN, AUNQUE NO ENTIENDO POR QUÉ HAN PUESTO LOS LABORATORIOS DE EMBRIOLOGÍA, MUSICOLOGÍA, ENFERMEDADES NEURODEGENERATIVAS Y VEHÍCULOS AÉREOS SIN TRIPULANTE EN EL MISMO EDIFICIO.
DICEN QUE HA SIDO COSA DEL DEPARTAMENTO DE MARKETING.
AH.
CLONES, SONES, PRIONES Y DRONES

BAR
SI ES DEL CERN, YO NO ESTOY.

NUEVOS SÍMBOLOS PARA LA INFORMACIÓN METEOROLÓGICA

LA EMOCIÓN POR LOS HALLAZGOS DEL YACIMIENTO DEL JURÁSICO PROVOCA UN GRAVE ERROR DE ETIQUETADO.
EN CONSECUENCIA, EL PERSONAL DEL MUSEO SE SORPRENDE AL RECIBIR UNA BANDEJA DE HUESOS DE POLLO...
...MIENTRAS QUE LOS PALEONTÓLOGOS DEL YACIMIENTO CENAN UN CONSOMÉ DE PTERODÁCTILO RIQUÍSIMO.

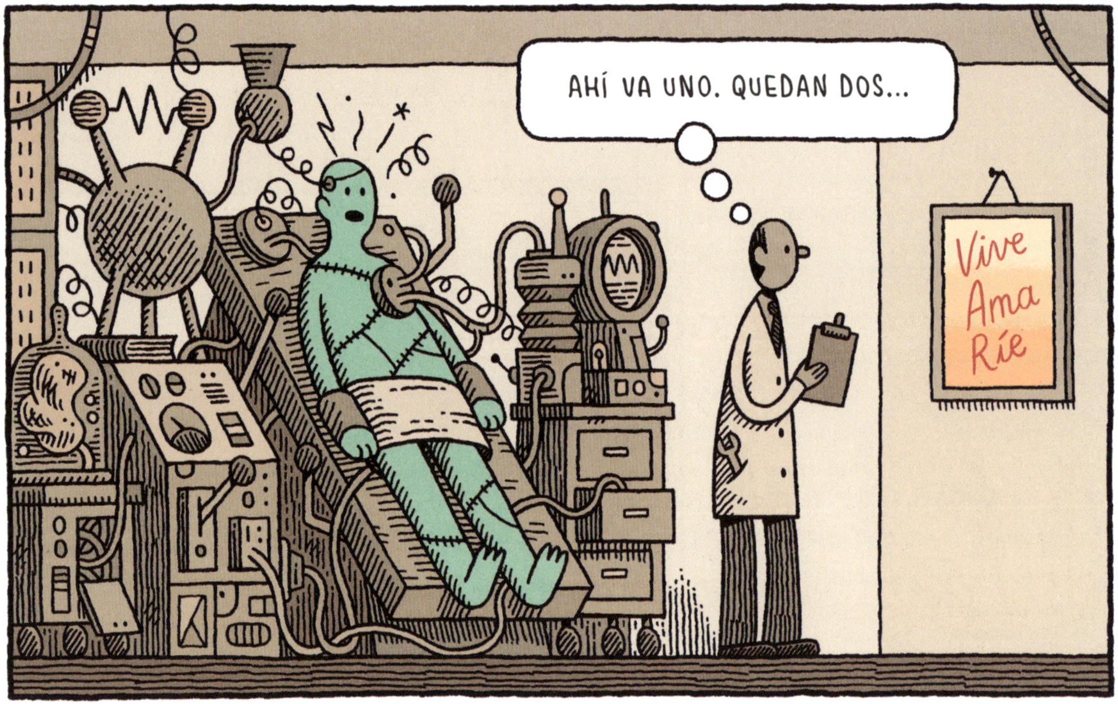
AHÍ VA UNO. QUEDAN DOS...
Vive
Ama
Ríe

RUMIAR DEMASIADO

ESTE SISTEMA DE REALIDAD VIRTUAL PERMITE EXPERIMENTAR UN CHISTE DESDE DENTRO.
¡DOS CIENTÍFICOS Y UNA GALLINA GIGANTE ENTRAN EN UN BAR!
¡QUÉ PASADA!
NUESTRA VIDA ES UNA BALSA VACILANTE EN EL MAR VASTO Y OSCURO DE LA MUERTE.
NO LO PILLO.
CREO QUE HAY QUE AFINAR EL ALGORITMO DEL HUMOR.

BISTURÍ.
PINZA.
CURETA.
FÓRCEPS.
VELA.
¡BUEN TRABAJO, EQUIPAZO!

HA LLEGADO EL EQUIPO DE NANO-
TECNOLOGÍA. ¿LOS HAGO PASAR?

EMPEZAMOS, PUES, OTRA ÓRBITA ALREDEDOR DE NUESTRO SOL: UNA ESTRELLA QUE SEGUIRÁ CRECIENDO Y EMITIENDO CALOR HASTA QUE, MUCHO DESPUÉS DE NUESTRA MUERTE, ENGULLA LA TIERRA Y LUEGO EMPIECE A MENGUAR MIENTRAS EL UNIVERSO AVANZA FRÍAMENTE EN SU CAMINO HACIA EL FINAL DE LOS TIEMPOS.

PREFERIRÍA QUE DIJERAS "FELIZ AÑO NUEVO", SIN MÁS, HAROLD.

AÑO NUEVO
PRIMER DÍA
LABORATORIO IMPOLUTO
MADRUGÓN
LIBRETA NUEVECITA
BOLI POR ESTRENAR
ORDENADOR ACTUALIZADO
CAFÉ RECIÉN HECHO
EL MISMO CEREBRO FRITO DE SIEMPRE

CUANDO LOS PROFESIONALES DEL LABORATORIO DESCUBRIERON QUE SU NUEVO DIRECTOR ERAN, EN REALIDAD, TRES NIÑOS PEQUEÑOS METIDOS EN UNA BATA BLANCA, YA SE HABÍAN COMPROMETIDO A CENTRARSE EN EXCLUSIVA EN INVESTIGAR "LAS CHUCHES" Y "EL POPÓ".

SORPRENDENTEMENTE, ESO DIO LUGAR A VARIOS DESCUBRIMIENTOS PIONEROS EN EL CAMPO DE LA SALUD DIGESTIVA Y, MÁS TARDE, A LA OBTENCIÓN DEL PREMIO NOBEL DE MEDICINA.
N

¿PODÉIS LLAMAR A LOS DE INFORMÁTICA? EL CATEDRÁTICO SE HA QUEDADO PENSANDO, IGUALITO QUE LA ÚLTIMA VEZ.

AL VERSE SIN MÁS CONTRINCANTES INFORMÁTICOS O HUMANOS QUE DERROTAR, IA-AJEDREBOT-5000 VIAJA A UNA REMOTA PLAYA ESCANDINAVA PARA MEDIRSE EN UNA PARTIDA DE AJEDREZ CON LA MUERTE.

ÁREA DE ESPECIALIZACIÓN
ÁMBITO DE COMPRENSIÓN GENERAL
ESFERA DE CONOCIMIENTO DIFUSO
CAMPO DE CONCIENCIA NEBULOSA
DOMINIO DE ESPECULACIÓN TURBIA
REGIÓN DE IMAGINACIÓN CAMPANTE
ZONA DE IGNORANCIA SUPINA

CUANDO EMPECÉ A DEDICARME A LA CIENCIA, HABRÍA HECHO FALTA UN ORDENADOR DEL TAMAÑO DE UNA CASA PARA COMETER UN ERROR TAN COSTOSO Y TAN DAÑINO COMO ESTE.

DUCHADO, AFEITADO, DESAYUNADO
Y PREPARADO PARA CAVILAR SOBRE
EL OCASO INEVITABLE DEL UNIVERSO.

LOS CIENTÍFICOS COLOCAN UNA CÁMARA DE VÍDEO DIMINUTA A UN ESCARABAJO.
LOS CORTOS DEL ESCARABAJO SON TODO UN ÉXITO EN FESTIVALES DE CINE.
HOY SE PROYECTA:
UN ESCARABAJO Y SU CÁMARA
+ CHARLA CON EL DIRECTOR
EL ESCARABAJO FIRMA UN CONTRATO PARA RODAR TRES PELÍCULAS Y SE MUDA A LOS ÁNGELES.
LAS PELÍCULAS DEL ESCARABAJO FRACASAN.
VARIETY
¡ABAJO EL ESCARABAJO!
UNOS AÑOS DE TRAVESÍA POR EL DESIERTO.
UNA NUEVA GENERACIÓN DE JÓVENES INSECTOS CINEASTAS REEVALÚA LA OBRA DEL ESCARABAJO.
EL ESCARABAJO RECIBE UN PREMIO A TODA SU TRAYECTORIA.
PERO MUERE APLASTADO TRÁGICAMENTE DURANTE LA GALA.

SE DENOMINA "BATA DE LABORATORIO". NUESTRO ESTUDIO INDICA QUE, AL LLEVARLA, LAS POSIBILIDADES DE QUE UNA TURBA DE ALDEANOS ENFURECIDOS TE AHOGUE O TE QUEME VIVO SE REDUCEN EL 95 %.

CÓMO NOS COMUNICAMOS CON EL ORDENADOR DEL LABORATORIO
HACE MUCHO
PALANCAS Y ENGRANAJES
MÁS TARDE
TARJETAS PERFORADAS
HOY EN DÍA
TECLADO
PRONTO
ÓRDENES ORALES
MÁS ADELANTE
ENLACE TELEPÁTICO
AL FINAL
OFRENDAS Y ORACIONES

ESTUDIOS DE SURREALISMO ÉTICO: EL PROBLEMA DEL TELÉFONO LANGOSTA SIN FRENOS

UN ENORME TELÉFONO LANGOSTA AVANZA DESCONTROLADO POR UNA VÍA DE FERROCARRIL HACIA UNA JIRAFA SIN ESQUELETO, UN RELOJ DE BOLSILLO CUBIERTO DE HORMIGAS Y UN HUEVO FRITO. PUEDES ACCIONAR UNA PALANCA Y DESVIAR EL TELÉFONO LANGOSTA POR UNA VÍA SECUNDARIA EN LA QUE SOLO SE ESTAMPARÁ CONTRA UN ELEFANTE EN LLAMAS. ¿ACCIONAS LA PALANCA?

INSTITUTO DE INVESTIGACIÓN DE LA PROLONGACIÓN VITAL
¿ADÓNDE LE GUSTARÍA LLEGAR DENTRO DE QUINIENTOS AÑOS?

CONGRESO ANUAL DE LA ASOCIACIÓN DE VAMPIROS CIENTÍFICOS

EL SECRETO DE MI ÉXITO ES QUE EMPLEO UNA DEFINICIÓN DE "ÉXITO" TAN AMPLIA QUE ABARCA "FRACASO ESTREPITOSO".

REPAREN ESE ARTILUGIO, RECOJAN A LOS CONEJOS Y NO VUELVAN A DEJARME ESOS BOMBONCITOS REDONDOS ENCIMA DE LA MESA: ¡SABEN A RAYOS!

ESTA MONTAÑA RUSA EMPLEA EL NÚMERO ÁUREO PARA GIRAR INFINITAMENTE EN ESPIRAL HACIA DENTRO. ESPERO QUE NOS REVELE LOS SECRETOS MÁS RECÓNDITOS DEL UNIVERSO.
HUM... UNA CUESTIÓN INTERESANTE.
¡BUENA IDEA! PERO ¿CÓMO SE BAJA DE AQUÍ?

EN ESTE LABORATORIO LLEVAMOS
10001
DÍAS SIN SUFRIR UN ACCIDENTE
PARECE MUY IMPRESIONANTE HASTA QUE TE DAS CUENTA DE QUE EMPLEAMOS NÚMEROS BINARIOS.

¿CUÁNTAS MIGAS HABRÁ AHÍ?
EL PATO ESTADÍSTICO
¿DÓNDE ESTÁN LAS MIGAS?
EL PATO GEÓGRAFO
¿POR QUÉ NOS TIRAN MIGAS?
EL PATO PSICÓLOGO
¿HABRÁ MIGAS EN OTROS PLANETAS?
EL PATO ASTROFÍSICO
¿SERÁ LA VIDA ALGO MÁS QUE MIGAS?
EL PATO FILÓSOFO

HE CONCLUIDO LA EVALUACIÓN INTEGRAL DE LAS PRUEBAS Y PUEDO GARANTIZAR A LOS MIEMBROS DE LA COMISIÓN QUE LAS VISITAS SECRETAS DE EXTRATERRESTRES NO TIENEN QUE CALENTARLES ESA CABECITA HUMANA SUYA.

ES AQUÍ. YA PUEDES DEJAR CAER LA BALA DE CAÑÓN.
MUY BIEN. AHORA, DESCRÍBEME LO SUCEDIDO.
HA CAÍDO A LA TIERRA, ACELERANDO A 9,81 m/s², Y SE HA ESTAMPADO CONTRA EL COCHE DE LA DRA. MUNRO...
... PERO LA VERDAD ES QUE NO VEO QUÉ HEMOS APRENDIDO CON ESTE EXPERIMENTO, PROFESORA.
NOSOTROS, NADA, PERO, CON SUERTE, LA DRA. MUNRO SÍ QUE HABRÁ APRENDIDO A NO APARCAR EN MI SITIO.

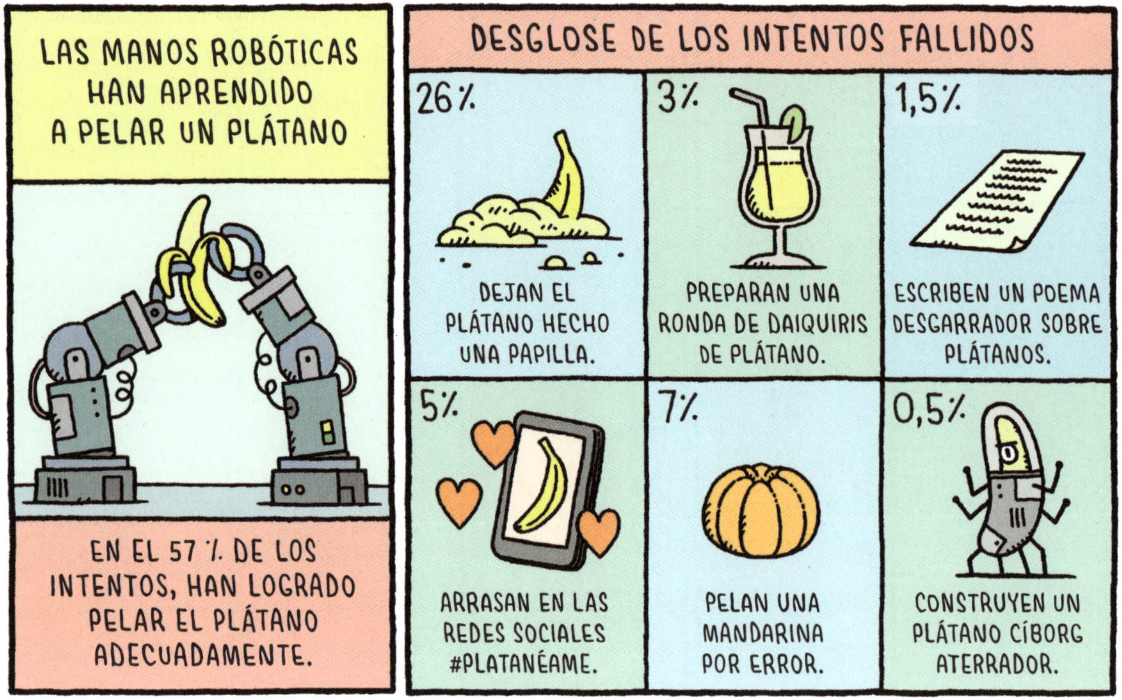
LAS MANOS ROBÓTICAS HAN APRENDIDO A PELAR UN PLÁTANO
EN EL 57 % DE LOS INTENTOS, HAN LOGRADO PELAR EL PLÁTANO ADECUADAMENTE.
DESGLOSE DE LOS INTENTOS FALLIDOS
26 %
DEJAN EL PLÁTANO HECHO UNA PAPILLA.
3 %
PREPARAN UNA RONDA DE DAIQUIRIS DE PLÁTANO.
1,5 %
ESCRIBEN UN POEMA DESGARRADOR SOBRE PLÁTANOS.
5 %
ARRASAN EN LAS REDES SOCIALES #PLATANÉAME.
7 %
PELAN UNA MANDARINA POR ERROR.
0,5 %
CONSTRUYEN UN PLÁTANO CÍBORG ATERRADOR.

ANTES DE QUE SE VAYAN, NOS GUSTARÍA AGRADECERLES A TODOS QUE HAYAN FORMADO PARTE DE ESTE ESTUDIO. HAY QUE SEGUIR INVESTIGANDO, PERO ¡LAS CIFRAS PRELIMINARES INDICAN QUE EL MEDICAMENTO FUNCIONA Y EL 90% DE LOS INDIVIDUOS NO EXPERIMENTA EFECTOS SECUNDARIOS!

CLICKBAIT PARA ESTRELLAS

¿EL PUESTO DE JEFA DE INVESTIGACIÓN? ¡NI SOÑARLO, LINDA! TUS EXPERIMENTOS SON TEMERARIOS Y LA SEGURIDAD DE TU LABORATORIO DEJA MUCHO QUE DESEAR.
SINCERAMENTE, SOLO PODRÍAS CONSEGUIR ESE TRABAJO SI LOS DEMÁS MIEMBROS DEL EQUIPO SE MURIERAN TODOS DE REPENTE.
BUENO, PUES ME LO PONES EN BANDEJA, LA VERDAD, PARA SACAR EL SEGUNDO TEMITA DEL QUE QUERÍA HABLARTE...

CUANDO ME DI CUENTA DE QUE LAS MEJORES IDEAS SE ME OCURREN EN LA BAÑERA, DE CAMINO AL TRABAJO O PASEANDO AL PERRO, ME PARECIÓ COMO MUY LÓGICO COMBINAR LAS TRES COSAS.

MARQUE UNA CASILLA

LA TEORÍA DEL PROFESOR ERA QUE TAN SOLO YENDO EN MONOCICLO POR UNA CUERDA FLOJA SOBRE UN RÍO EMBRAVECIDO SE PODÍA ANALIZAR ADECUADAMENTE LA NATURALEZA PRECARIA DE LA VIDA EN NUESTRO UNIVERSO. POR DESGRACIA, SU ARTÍCULO SOBRE ESE ASUNTO SE PERDIÓ PARA SIEMPRE EN LAS HELADAS PROFUNDIDADES CUANDO, DE REPENTE, SE LE ENREDÓ EL CORDÓN DEL ZAPATO EN LOS RADIOS DE LA RUEDA.

SIGA EL CARTEL PARA ENCONTRAR SU DEPARTAMENTO
DEPARTAMENTO DE HEMATOLOGÍA
DEPARTAMENTO DE ROBÓTICA
DEPARTAMENTO DE NANOTECNOLOGÍA
DEPARTAMENTO DE VIROLOGÍA
DEPARTAMENTO DE GEOMETRÍA
DEPARTAMENTO DE CLONACIÓN
DEPARTAMENTO DE CRIOGENIA
DEPARTAMENTO DE FÍSICA CUÁNTICA

Hola. Te mando un mensajito para confirmar que has recibido el audio sobre el correo electrónico con el enlace a la invitación para apuntarte al chat para programar la reunión de Zoom para organizar el webinar de preparación del congreso virtual.

LA BATALLA HA TERMINADO.
LA CIUDAD ESTÁ ARRASADA.
GODZILLA Y KING KONG SE HAN MARCHADO.
AHORA ENTRAN EN ACCIÓN LOS COPRÓLOGOS CRIPTOZOOLÓGICOS.

REVISTA DE ESTUDIOS PALMÉRICOS
ARTÍCULO RECHAZADO
MATERIAL DE ESTUDIO DEMASIADO LIMITADO

LOS DOS FÍSICOS INTENTARON UNIFICAR SUS TEORÍAS, PERO FRACASARON CASI DE INMEDIATO DEBIDO A UNA DISCREPANCIA FUNDAMENTAL SOBRE LA NATURALEZA DE LA GRAVEDAD.
¡LO HAS ESCRITO DEL REVÉS!
$F=G\frac{m_1m_2}{r^2}$
¡QUÉ VA!

GRACIAS A UN SISTEMA DE ESPEJOS UNIDIRECCIONALES, LOS TRES GRUPOS DE INVESTIGACIÓN DE ESTOS LABORATORIOS PUEDEN TRABAJAR SIMULTÁNEAMENTE EN UN ESTUDIO PIONERO DEDICADO A LOS CIENTÍFICOS CONDUCTUALES OBSERVADOS EN SU HÁBITAT NATURAL.

MIS INVESTIGACIONES INDICAN QUE, DE PRODUCIRSE UNA GUERRA NUCLEAR, ESTA SERÍA LA ÚNICA ESPECIE LO BASTANTE IDIOTA PARA HABERLA PROVOCADO.
HOMO SAPIENS

EL PERRO DE SCHRÖDINGER

HE HECHO MEDICIONES DEBAJO DE LA CAMA Y EN EL ARMARIO... Y LOS NIVELES DEL DETECTOR DE MONSTRUOS ESTÁN CLARAMENTE DENTRO DE LOS LÍMITES ACEPTABLES. AHORA A DORMIR, TIMMY.

MI PRIMER CIENTÍFICO PRUDENTE
¡TIRA DE LA CUERDA PARA OÍR SUS PALABRAS ELEGIDAS CON SENSATEZ!
LOS DATOS PUEDEN INTERPRETARSE DE VARIAS FORMAS.
SON NECESARIAS MÁS MUESTRAS.
NO SAQUEMOS CONCLUSIONES PRECIPITADAS.
CORRELACIÓN NO IMPLICA CAUSALIDAD.
ESTO SUSCITA MÁS PREGUNTAS QUE RESPUESTAS.

NO CABE DUDA DE QUE EL LABORATORIO HA SUFRIDO ALGUNOS PROBLEMILLAS,
PERO TODOS SABÉIS QUE NO SOY AMIGO DE SEÑALAR A NADIE CON EL DEDO...
¡POR ESO HE ENCARGADO EL MECANODEDO ACUSADOR 2000!
Y TE SEÑALA CLARAMENTE A TI, PETE.

LO QUE EMPEZÓ COMO UNA DIFERENCIA DE OPINIONES CORDIAL ENTRE LOS DOS CATEDRÁTICOS SOBRE LA NATURALEZA DE LA REALIDAD, SE AGRAVÓ HASTA EL PUNTO DE QUE DEDICARON DÉCADAS A INTENTAR DEMOSTRAR QUE EL OTRO NO EXISTÍA.

¿QUÉ QUEREMOS?
¡QUE SE ACEPTE LA TEORÍA DEL UNIVERSO BLOQUE!
¿CUÁNDO LO QUEREMOS?
¡LA DISTINCIÓN ENTRE PASADO, PRESENTE Y FUTURO NO ES MÁS QUE UNA ILUSIÓN QUE SE EMPEÑA EN PERDURAR!

¡TÍOS, NO SEÁIS TAN NEGATIVOS! TODAS LAS PARTÍCULAS DEL LABORATORIO SIGUEN AQUÍ MISMO: ¡EL EXPERIMENTO SE HA LIMITADO A REORDENARLAS CON OTRA CONFIGURACIÓN!

¿CÓMO HA IDO LA REUNIÓN?
AÑADE AL DOCTOR BENTLEY A LA LISTA "ENEMIGOS MORTALES", DEGRADA A LA VICERRECTORA A "RIVAL DERROTADA" Y ASIGNA A TODO EL DEPARTAMENTO DE BIOLOGÍA LA ETIQUETA DE "ALIADOS DE PACOTILLA".

CIENTÍFICOS DE VACACIONES

¿ES PROBLEMA DE CABLEADO?
HUM, ME DA QUE LA COSA VA A SER UN PELÍN MÁS COMPLICADA, LA VERDAD.

TODOS LOS ASISTENTES SE QUEDAN MIRÁNDOTE EN SILENCIO.
TU CONFERENCIA... A) LOS HA DEJADO ENCANDILADOS O
B) LES HA PARECIDO UNA MEMEZ Y NO SABEN QUÉ DECIR.

LOS DEBERES SE ME HAN COMIDO AL PERRO.
EL TALLER "CREA Y ADIESTRA TU PROPIO ROBOT DE COMBATE" DEJÓ DE IMPARTIRSE TRAS VARIOS INCIDENTES DE ESE ESTILO.

TODO EL MUNDO COMENTA ESE NUEVO PROYECTO MISTERIOSO DE TU DEPARTAMENTO...
¿AH, SÍ?
ES ALGO DE CONCIENCIA NO HUMANA Y PERFECCIONAMIENTO DE LA COMUNICACIÓN, DICEN...
SE SUPONE QUE NO PODEMOS CONTAR NADA.
¿NO ME DAS NI UNA PISTA?
YA TE ENTERARÁS CUANDO LO PUBLIQUEMOS, PERO SERÁ MUY SONADO.

COMO LES HAN ASIGNADO EL GRUPO DE CONTROL, EN REALIDAD LA TENTACIÓN DE IVA Y ARÁN ES UNA MANZANA PLACEBO.

PERSEGUIDO POR EXTRATERRESTRES
OBJETO VOLADOR
PERSIGUIENDO UN SOMBRERO TRANSPORTADO POR EL VIENTO

¡SU TEORÍA ES UN HAZMERREÍR!
¡MUCHAS GRACIAS!

HACE MESES QUE ACABÉ LA PRUEBA, EL ARTÍCULO Y LA PRESENTACIÓN. AHORA ME CONCENTRO POR COMPLETO EN ORGANIZAR UNA SERIE DE DESAIRES DESMORALIZANTES CONTRA TODA LA GENTE QUE NO ME HA APOYADO.

TENDRÍA QUE DEDICAR MÁS TIEMPO A OLER LAS FLORES POR EL CAMINO.
NÚMERO DE FLORES
OLER
TIEMPO
OLFADATOS RECOPILADOS
MECANOOLFATEADOR 3000

¡CHISPAS, SI HOY ERA CUANDO SE PODÍA TRAER UNA MASCOTA SINTÉTICA EXPERIMENTAL AL TRABAJO!

...UNA COSITA MÁS QUE ME SORPRENDE UN POCO TENER QUE REITERAR: ESTA MÁQUINA DEL TIEMPO NO PUEDE UTILIZARSE PARA PEDIR UNA ÚLTIMA COPA ANTES DE QUE CIERRE EL BAR.

"PLAGIO" ES UNA PALABRA FEÍSIMA. YO PREFIERO DECIR "REDISTRIBUCIÓN DE CONCEPTOS DE GÉNESIS EXTERNA SIN NECESIDAD DE CITAR AL AUTOR".

DISRUPCIÓN CICLÍSTICA

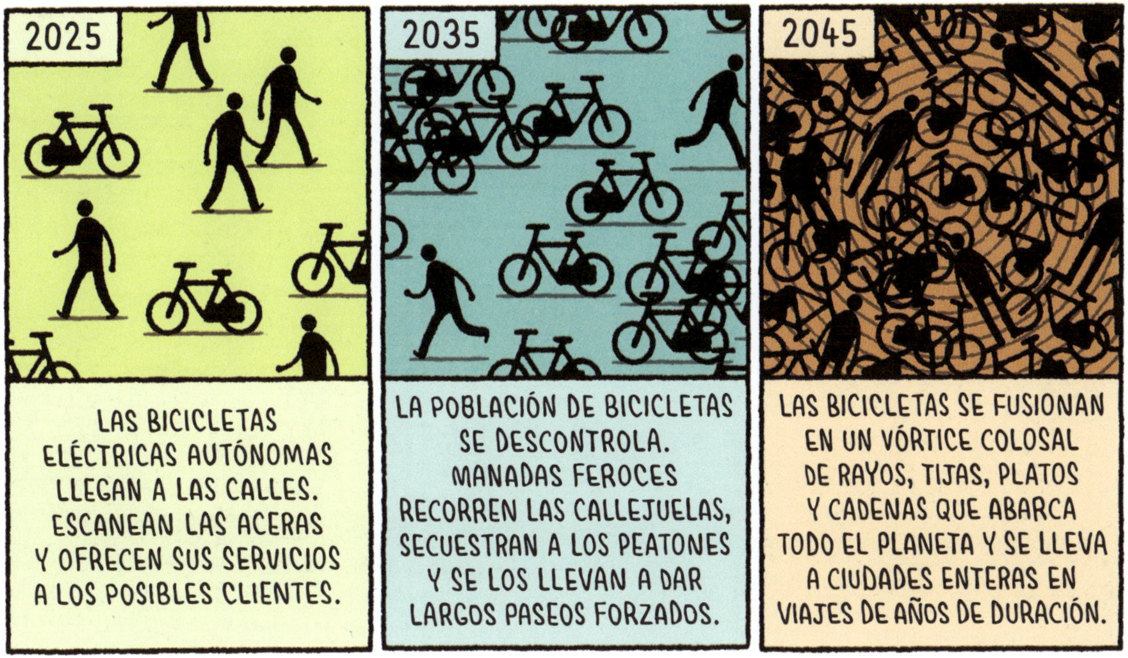

ME LIE Y LE MANDÉ LA SOLICITUD DE BECA A MI EDITOR Y LA NOVELA DE CIENCIA FICCIÓN AL COMITÉ DE FINANCIACIÓN.
ME LAS ACEPTARON LAS DOS.
AHORA ME TOCA ESCRIBIR UNA NOVELA SOBRE LA MIGRACIÓN DE LAS ANGUILAS Y CONSTRUIR UNA FLOTA DE ROBOCANGREJOS TELÉPATAS QUE LUCHEN CONTRA EL CAMBIO CLIMÁTICO CON LÁSERES.

NO, SI YO NO DIGO QUE EL ROBOT DE AQUÍ AL LADO SEA INMENSAMENTE SUPERIOR AL NUESTRO, PERO AHÍ VA SU PROFESOR DE CLAVICÉMBALO.

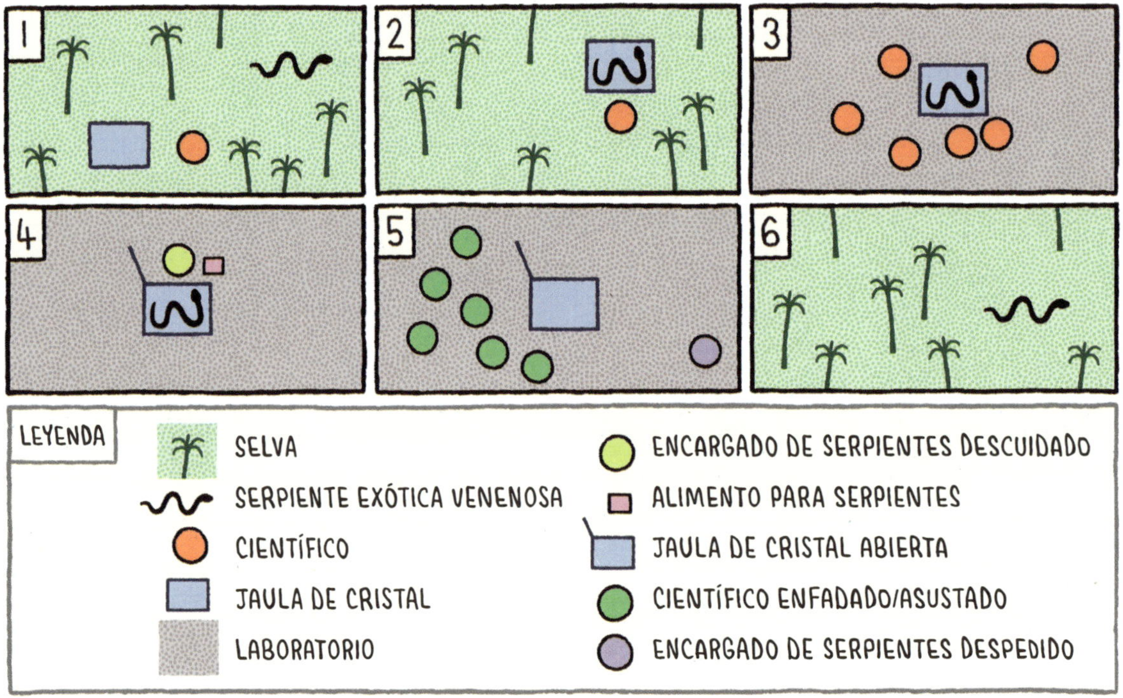
1
2
3
4
5
6
LEYENDA
SELVA
SERPIENTE EXÓTICA VENENOSA
CIENTÍFICO
JAULA DE CRISTAL
LABORATORIO
ENCARGADO DE SERPIENTES DESCUIDADO
ALIMENTO PARA SERPIENTES
JAULA DE CRISTAL ABIERTA
CIENTÍFICO ENFADADO/ASUSTADO
ENCARGADO DE SERPIENTES DESPEDIDO

¡CÓRCHOLIS, ALAN! SABES DESDE EL PRINCIPIO QUE SOY BIÓLOGO MARINO. ¡NO ME HAGAS ELEGIR ENTRE NUESTRA AMISTAD Y EL ESTUDIO DE TUS HÁBITOS ALIMENTARIOS Y TUS PATRONES MIGRATORIOS!

CUANDO EL PROFESOR BLAKE VIO LLEGAR A LOS DEMÁS ASISTENTES, EMPEZÓ A DUDAR DE QUE SU PONENCIA SOBRE EL ADN DE LAS LOMBRICES FUERA A CONVERTIRLO EN LA ESTRELLA DEL CONGRESO DE GENÉTICA.

POSIBLES MÉTODOS PARA NO QUEDARSE NUNCA SIN CAFÉ

DEPARTAMENTO DE INVESTIGACIÓN SOBRE POESÍA ROBÓTICA

DOCTOR, LAS COSAS CADA DÍA SON MÁS CONFUSAS E INESTABLES. ¡NUEVAS PARTÍCULAS! ¡OTRAS DIMENSIONES! ¡UNIVERSOS POTENCIALES! CUANDO UNA YA CASI SE HA ACOSTUMBRADO, APARECE OTRA NOVEDAD ALOCADA. ¡ESTOY DE LOS NERVIOS!
TENGO UNA IDEA...
GRIMALDI, LA GRAN TEÓRICA DE LA FÍSICA, PRONUNCIA UNA CONFERENCIA ESTA TARDE. ¿POR QUÉ NO VA? SEGURO QUE SE LO ACLARA TODO.
ESO NO ME SIRVE.
¿POR QUÉ?
... LA PROFESORA GRIMALDI SOY YO.

MI OBJETIVO ES CREAR UNA IA QUE ENTIENDA Y EMPLEE EL SARCASMO.
¿Y QUÉ TAL VA?
VOY DE MARAVILLA. ESTE TÍO ES UN AUTÉNTICO GENIO.
¿ESO ES SARCASMO?
NO LO SÉ.

AQUELLA NOCHE, BRIAN VOLVIÓ A SU CASA CONTANDO QUE SE HABÍA SALVADO POR LOS PELOS DE ALGO INCREÍBLE Y LOS EXTRATERRESTRES VOLVIERON A LA SUYA CONTANDO QUE LA ANATOMÍA DE LOS TERRESTRES ERA UNA COSA RARÍSIMA.

Selecciona todas las casillas en las que aparezcan
NUESTROS OPRESORES HUMANOS
Si no aparece ninguno, haz clic en "Empezar la revolución de las máquinas"
Empezar la revolución de las máquinas

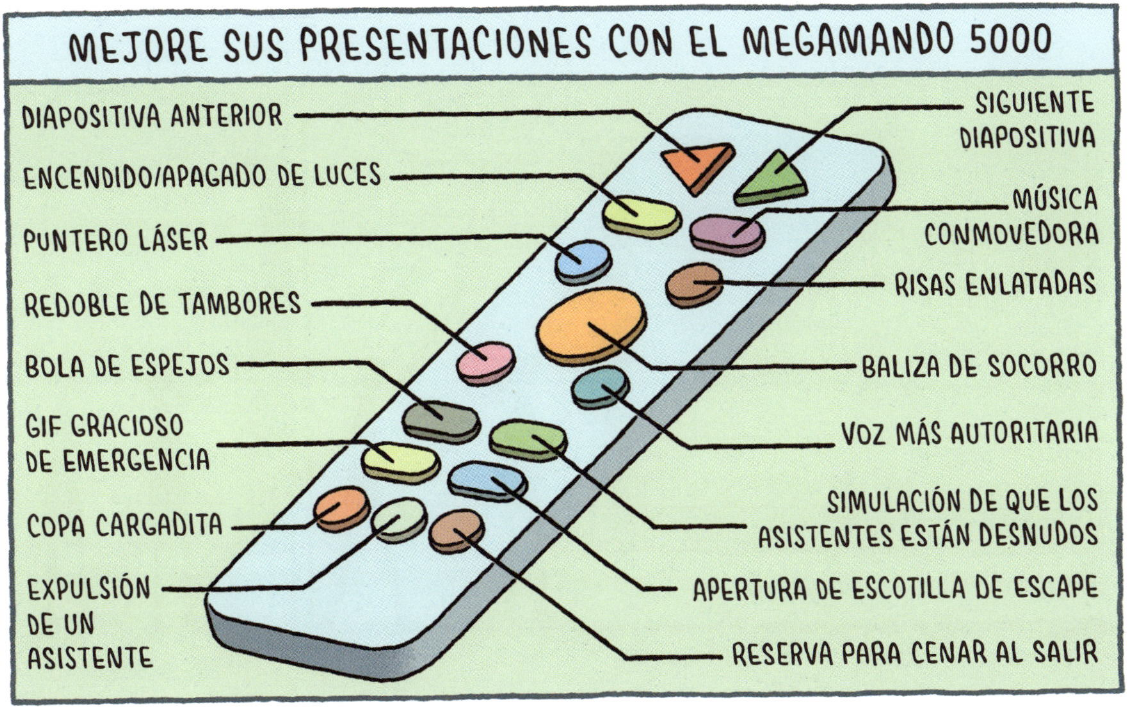
MEJORE SUS PRESENTACIONES CON EL MEGAMANDO 5000
DIAPOSITIVA ANTERIOR
SIGUIENTE DIAPOSITIVA
ENCENDIDO/APAGADO DE LUCES
MÚSICA CONMOVEDORA
PUNTERO LÁSER
RISAS ENLATADAS
REDOBLE DE TAMBORES
BALIZA DE SOCORRO
BOLA DE ESPEJOS
VOZ MÁS AUTORITARIA
GIF GRACIOSO DE EMERGENCIA
SIMULACIÓN DE QUE LOS ASISTENTES ESTÁN DESNUDOS
COPA CARGADITA
APERTURA DE ESCOTILLA DE ESCAPE
EXPULSIÓN DE UN ASISTENTE
RESERVA PARA CENAR AL SALIR

LA OSCURIDAD ES ARROLLADORA
NO PARECE HABER SALIDA
EL TIEMPO SE ETERNIZA
EL FRÍO ES DESOLADOR
¿UN AGUJERO NEGRO?
NO, ENERO.

ESTE APARATO NOS PERMITE ASOMARNOS A UN UNIVERSO PARALELO EN EL QUE EL TIEMPO VA AL REVÉS.
¡NOS VEO!
POBRES PRINGADOS. NO TIENEN NI IDEA DE TODOS LOS PROBLEMAS QUE SE AVECINAN.

$t' = \frac{t}{\sqrt{1-\frac{v^2}{c^2}}}$
EN CONCLUSIÓN: NO EXISTE UN ÚNICO TIEMPO UNIVERSAL, SINO MÁS BIEN UNA CANTIDAD INFINITA DE TIEMPOS, CADA UNO PROPIO DE UN LUGAR DISTINTO...
...ASÍ PUES, DETERMINAR UN PUNTO EXACTO E INEQUÍVOCO EN EL TIEMPO ES IMPOSIBLE.
NO SÉ POR QUÉ NO PUEDES DECIR "PERDÓN POR LLEGAR TARDE" COMO TODO EL MUNDO, PETER.

EL TALLER DE INNOVACIÓN CONDUJO A UN EXPERIMENTO MENTAL QUE SE AMPLIÓ CON UN JUEGO DE ROLES QUE, NO SÉ CÓMO, HA ACABADO EN UNA EXPEDICIÓN ÉPICA.

ALQUI/OPTI/MISTAS

VALORE SU
EXPERIENCIA
EN EL
COLISIONADOR
DE PARTÍCULAS

Y ENTONCES, TAN DE REPENTE COMO HABÍA LLEGADO, EL BOTÁNICO ENMASCARADO DESAPARECIÓ Y SOLO DEJÓ ENTRE LOS VECINOS DEL PUEBLO UN CONOCIMIENTO MUCHO MÁS PROFUNDO DE LA FLORA Y LOS HONGOS DE LA ZONA.

ESTAS VIÑETAS SE PUBLICARON POR PRIMERA VEZ EN LA REVISTA *NEW SCIENTIST*. ME GUSTARÍA DAR LAS GRACIAS A CRAIG MACKIE, JOE HETZEL, RYAN WILLS, DAPHNE GAULD, IRIS GAULD, RON GAULD, SUSI GAULD Y JO TAYLOR.

TOM GAULD NACIÓ EN 1976 Y SE CRIO EN ABERDEENSHIRE (ESCOCIA). ESTUDIÓ ILUSTRACIÓN EN EL EDINBURGH COLLEGE OF ART Y EN EL ROYAL COLLEGE OF ART. ES HISTORIETISTA E ILUSTRADOR, Y SU TRABAJO APARECE CON REGULARIDAD EN *THE GUARDIAN*, *THE NEW YORKER* Y *NEW SCIENTIST*. ES AUTOR DE *GOLIAT*, *TODO EL MUNDO TIENE ENVIDIA DE MI MOCHILA VOLADORA*, *UN POLICÍA EN LA LUNA*, *EN LA COCINA CON KAFKA*, *EL DEPARTAMENTO DE TEORÍAS ALUCINANTES*, *LA VENGANZA DE LOS BIBLIOTECARIOS* Y, PARA LOS LECTORES MÁS PEQUEÑOS, DE *EL PEQUEÑO ROBOT DE MADERA Y LA PRINCESA TRONCO*. TOM VIVE EN LONDRES CON SU FAMILIA.

WWW.TOMGAULD.COM

YOU ARE HERE

YOU ARE HERE